AF371196

SYNDICAT DE CHIROUBLES

POUR LA DÉFENSE CONTRE LE PHYLLOXÉRA

(Haut-Beaujolais)

DEUXIÈME RAPPORT

AU MINISTRE DE L'AGRICULTURE

SUR LES RÉSULTATS OBTENUS

PAR

L'EMPLOI DU SULFURE DE CARBONE

CAMPAGNE 1881-1882

PARIS

IMPRIMERIE CHAIX

IMPRIMERIE ET LIBRAIRIE CENTRALES DES CHEMINS DE FER

SOCIÉTÉ ANONYME

Rue Bergère, 20, près du boulevard Montmartre

1882

DÉPARTEMENT

DU RHONE

ARRONDISSEMENT

DE VILLEFRANCHE

CANTON

DE BEAUJEU

SYNDICAT DE CHIROUBLES

ORGANISÉ POUR LA DESTRUCTION DU PHYLLOXÉRA

(Art. 5 de la loi du 2 août 1879.)

RAPPORT AU MINISTRE DE L'AGRICULTURE

Sur les opérations effectuées pendant la campagne 1881-1882

EN RÉPONSE A LA CIRCULAIRE DU 18 AOUT 1882

Par une circulaire en date du 18 août 1882, M. le Ministre de l'Agriculture vient de demander au syndicat de Chiroubles des renseignements complets sur les traitements exécutés par cette association, notamment sur les points suivants : « surface atteinte; — étendue traitée ; — mode de traitement employé; — prix du traitement par hectare, main-d'œuvre, dose et prix des insecticides, frais divers ;— époques de l'application du traitement;—résultats obtenus. »

Le présent rapport a pour objet de répondre aux questions posées par la circulaire ministérielle.

Dans un rapport précédent en date du 8 septembre 1880, le syndicat a rendu compte de ses premières opérations pendant la campagne 1879-1880, analysé les avantages de sa formule syndicale, et présenté les conclusions qui se dégageaient déjà de sa pratique. L'année dernière, la grêle a détruit presque entièrement notre récolte dans la nuit du 19 août 1882. Cette catastrophe, qui anéantissait en quelques minutes le fruit de tous nos efforts pendant un an, ne nous laissait rien à dire d'utile sur nos traitements de 1881. Mais cette année, bien que la coulure de la fleur et les intempéries persistantes de l'été aient nui gravement à notre récolte à Chiroubles, comme dans le reste du Beaujolais et de la Bourgogne, les résultats du traitement conser_vent une netteté suffisante pour comporter une réponse détaillée au questionnaire de l'administration.

Ce second rapport s'abstiendra d'ailleurs de revenir sur les points traités dans le rapport précédent, auquel nous prenons la liberté de nous référer, et il n'insistera que sur les faits nouveaux. Pour ne pas l'allonger outre mesure par le détail des cas particuliers qui justifient ses conclusions, nous les avons rejetés à la fin en annexes, de manière à borner le rapport proprement dit aux résultats généraux et aux vues d'ensemble.

D'autre part, le succès de notre formule syndicale, admise aujourd'hui comme type par tous les syndicats de la contrée, nous a fait un devoir d'accompagner ce rapport de quelques données sur le mécanisme intérieur et le fonctionnement de notre syndicat. Quoique d'ordre en apparence secondaire, ces détails pratiques ont une réelle importance pour assurer la bonne marche de ces associations.

Comme précédemment, et pour n'avancer que des faits certains, le bureau a convoqué, le 15 août dernier, tous les membres du syndicat en assemblée générale; puis, après les avoir expressément adjurés de déclarer les échecs comme les succès, il les a interrogés un à un, et a consigné avec soin leurs réponses, dont ce rapport présente le résumé.

I

Le syndicat de Chiroubles s'est constitué le 14 novembre 1879, presque au lendemain de la loi du 5 août 1879, qui donne à l'État l'autorisation d'allouer des subventions aux associations syndicales temporaires, organisées en vue de la destruction du phylloxéra. Une vingtaine de propriétaires avaient fait spontanément, pendant l'hiver précédent, des essais partiels du sulfure de carbone, et, comme ils en avaient obtenu de bons effets, le terrain était déjà tout préparé pour l'application de la nouvelle loi.

Les chiffres suivants indiquent la progression de l'effectif du syndicat à chacun de ses trois renouvellement successifs et celle des surfaces traitées :

1879-1880 effectif : 68 membres; — surfaces traitées : 34 h. 33 a.
1880-1881   —   103   —   —   71 — 67
1881-1882   —   165   —   —   204 — 50
1882-1883   —   172   —   —   255 —   »

Grâce à ses extensions successives, le syndicat a fini de proche en proche par englober tous les propriétaires de la commune et *tout son territoire viticole*. Quand on connaît le solide bon sens de nos populations rurales, et leurs dispositions d'esprit peu sympathiques aux nouveautés qui n'ont pas encore fait leurs preuves, une pareille progression démontre déjà, de la façon la plus significative, la confiance que le traitement par le sulfure de carbone a su inspirer aux intéressés.

Cette confiance a même pris de telles proportions qu'elle portait nos déposants à ne tenir qu'un compte médiocre des échecs partiels, et à s'en accuser eux mêmes, en les rejetant sur quelque négligence de leur fait dans le traitement, sur le mauvais état des outils distributeurs ou sur telle autre circonstance secondaire. Aussi avons-nous eu à réagir contre cet optimisme unanime de notre population pour rester dans la juste mesure et adapter nos conclusions aux faits strictement acquis.

Ces conclusions nous paraissent pouvoir se formuler comme il suit :

1° Dans les conditions courantes de nature et de profondeur de notre sous-sol, les vignes traitées depuis quatre ans et abondamment fumées, sont entièrement guéries, et se distinguent entre les plus belles, au point de vue des feuilles et des fruits.

Au bout de trois ans de traitement, elles sont guéries et commencent à porter des fruits ;

Au bout de deux ans, la feuille a repris sa teinte d'un vert foncé ; le bois se rétablit ;

Après la première année, la vigne reste languissante ; le mal s'enraye, s'il n'est pas trop tard.

2° Quand on a affaire à de vieilles vignes, éprouvées par les gelées de l'hiver 1880 et fortement envahies, le traitetement parvient rarement à les sauver (1). Le mieux est de ne pas s'obstiner à les défendre, mais plutôt de les arracher et de les remplacer par de jeunes plantiers.

En particulier, si l'on a laissé passer une année depuis l'apparition de la tache dans ce genre de vignes, le traitement est presque toujours tardif et impuissant.

Bon nombre de membres sont venus ainsi s'accuser publiquement d'avoir trop différé de recourir à l'insecticide par manque de sulfure ou par méfiance de son emploi. Pendant qu'ils hésitaient ainsi, leurs voisins, mieux avisés, traitaient leurs vignes au même degré de maladie, et les ramenaient à la santé pour les avoir prises en temps utile.

Ainsi s'expliquent la plupart des taches que présente notre vignoble.

3° Il est impossible actuellement de suspendre le traitement une seule année. Des propriétaires, rassurés par le bon état de leur vigne après un premier traitement, ont cru pouvoir se dispenser de continuer l'emploi de l'insecticide l'année suivante. Cette interruption a suffi pour compromettre, parfois même pour tuer la vigne sans retour.

4° Le dosage de 20 grammes par mètre carré paraît en général suffisant, surtout pour les traitements qui succèdent au premier. En vue d'économiser la main-d'œuvre, on s'est le plus souvent abstenu de recourir à la réitération, c'est-à-dire de faire l'opération en deux fois, à quelques jours d'intervalle.

---

(1) Voir dans le même sens le rapport de M. Marion sur les travaux des années 1880 et 1881, p. 41.

Quant à l'emplacement des trous, si l'on a parfois adopté la disposition en quinconce au centre du carré formé par quatre ceps, on s'est beaucoup mieux trouvé de doubler leur nombre, en les pratiquant sur l'alignement même des ceps, et au milieu de l'intervalle entre deux ceps consécutifs, ce qui correspond à quatre trous par mètre carré (1).

5° La meilleure époque pour l'emploi du sulfure s'étend de novembre à mars.

Toutefois, après les réinvasions estivales que les chaleurs et la sécheresse de l'été dernier ont rendues exceptionnellement abondantes, on s'est bien trouvé d'appliquer, dès l'apparition et sur l'emplacement des taches, un traitement local d'été à petite dose pour contenir les colonies souterraines. Quand on a différé le traitement jusqu'à l'hiver, le mal a fait en quelques mois des progrès dangereux. Aussi la plupart des membres du syndicat ont-ils annoncé l'intention de recourir désormais à des applications modérées et locales faites en été partout où le mal apparaîtra (2).

6° Le sol léger de la commune de Chiroubles (granite décomposé) convient parfaitement à l'emploi des insecticides et à la diffusion de leurs vapeurs. Mais on a remarqué que le traitement réussissait beaucoup moins bien dans les veines de terre forte, qui se rencontrent çà et là par lambeaux. Ces emplacements s'accusent par des taches qui ont résisté

---

(1) L'espacement des ceps est de 0^m,70. — D'après les expériences de M. Marion, « la multiplication des doses produirait des effets plus actifs » que l'augmentation du produit administré, et la vigne résisterait mieux » à ces doses fractionnées ». (Rapport 1882. p. 20). Mais le surcroît de main-d'œuvre qu'entraîne cette pratique fait hésiter nos vignerons, qui s'accommodent mieux d'employer toute la dose en un seul traitement.

(2) Dans son remarquable rapport au congrès phylloxérique qui s'est tenu en 1881 à Bordeaux, M. Fallières condamne ces traitements culturaux en fin de saison, et cite à l'appui de son opinion des faits qui paraissent concluants. Mais, dans les conditions des vignes de Chiroubles, ces traitements auraient au contraire produit d'excellents effets, d'après les déclarations des propriétaire intéressés qui se proposent de les étendre dans les étés secs favorables aux réinvasions. C'est un point sur lequel est appelée l'attention du syndicat, et qui sera l'objet d'une surveillance particulière.

au traitement, alors que les parties voisines, traitées de même, sont en très bel état.

7° On a insisté sur les précautions à prendre pour l'injection du sulfure : le bon entretien du pal (1), l'instantanéité et l'étanchéité du bouchage des trous, la rapidité des opérations, pour imprégner à la fois tout le sol de sulfure (2). Si le pal est mal entretenu, le coup de piston ne donne plus la dose requise ; si l'aide se tient à trop grande distance de l'opérateur, une partie du sulfure a pu s'évaporer en pure perte, avant que le trou soit bouché. Dans certains terrains pierreux, ce bouchage exige des précautions toutes spéciales. Il faut également se garder de travailler la vigne peu après le sulfurage, sous peine de dégager sans profit le sulfure emprisonné par la couche superficielle.

A l'appui de ces affirmations, les faits « positifs » abondent et l'on en trouvera quelques-uns présentés avec détail à la suite de ce rapport.

Quant aux accidents qui nous ont été signalés et qui ont eu au dehors un certain retentissement, ils ont été étudiés sur place d'une manière toute particulière avec le concours des intéressés. Presque tous s'expliquent par les indications générales posées plus haut, telles que l'ancienneté des vignes, la tardivité ou l'interruption du traitement, la nature du sol, l'oubli de quelques précautions dans l'emploi de l'insecticide. Nous avons également exposé et analysé deux de ces faits « négatifs », de manière à les ramener à leurs justes proportions.

---

(1) Après avoir fait simultanément usage à Chiroubles de deux types de pal, celui de Marseille et celui de Bordeaux, on paraît s'accorder pour donner la préférence au premier, à cause des facilités qu'il présente pour le changement du tube. Ce pal a été imaginé par M. *Gastine*, qui, en sa qualité de délégué du ministère de l'Agriculture, a prêté un précieux concours aux traitements effectués dans notre contrée. Le syndicat de Chiroubles est heureux de lui en témoigner sa reconnaissance.

(2) Voir à ce sujet les excellentes recommandations contenues dans la belle série des rapports annuels de M. Marion, le savant professeur à la Faculté des sciences de Marseille, qui, par ses expériences et ses écrits, a puissamment contribué à démontrer l'efficacité du sulfure de carbone et à en vulgariser l'application.

II

Les résultats obtenus à Chiroubles et ailleurs établissent que le sulfure de carbone peut maintenir efficacement une vigne atteinte par le phylloxéra. Mais, au point de vue du produit net, ce remède n'est-il pas pire que le mal? Est-il à la portée du vigneron ? N'excède-t-il pas les sacrifices que l'on doit raisonnablement consacrer à cette défense? C'est ce qu'il importe d'examiner pour répondre à une objection assez répandue.

Dans les pays viticoles, où le sol se prête à d'autres productions que la vigne, et où le vin a peu de valeur, il est possible qu'il y ait plus d'avantage à changer la nature des récoltes qu'à préserver la vigne par des insecticides. Mais, dans nos contrées où le terrain se refuse à d'autres cultures, et où le vin a sa marque, le calcul suivant prouve que le traitement, quoique onéreux, est abordable pour le vigneron.

A raison de 20 grammes par mètre carré, ou de 200 kilogrammes par hectare, et en supposant que le prix du sulfure reste fixé à 40 francs les 100 kilog., la dépense de l'insecticide par hectare s'élève à. . . . . Fr. 80 »

Si l'on admet que, en moyenne tous les ans, et en sus du traitement général d'hiver, le huitième de la surface devra être traité localement à la suite des réinvasions estivales, on doit compter de ce chef sur un supplément de . . . . 10 »

A quoi il faut ajouter pour transport de fûts (1),

A reporter. . . 90 »

---

(1) Les principaux propriétaires de Chiroubles se sont très bien trouvés d'acheter des fûts métalliques, qui leur permettent d'emmagasiner leur sulfure, de l'employer selon leurs convenances, de l'avoir sous la main pour les éventualités imprévues, comme les réinvasions estivales, et de s'affranchir des irrégularités des expéditions. C'est une pratique à généraliser. On a songé, dans le même but, à établir des citernes étanches en maçonnerie, qui contiendraient 1,000 kilogrammes de sulfure et qui coûteraient sans doute beaucoup moins cher que 10 fûts (chaque fût coûte avec les accessoires 45 fr. 50 c.). — Le nombre des fûts achetés à Chiroubles est de 45.

Report. . . 90 »

achat, entretien de pals, etc., environ. . . . . . . 10 »

Ce qui fait, pour le sulfure et les appareils, une somme de. . . . . Fr. 100 »

Quant à la main-d'œuvre pour l'emploi, elle exige par hectare environ neuf journées à deux hommes : soit, à raison de 2 fr. 75 la journée, une dépense de . . . . 50 »

Total pour le traitement proprement dit. Fr. 150 »

Ce n'est pas tout : le traitement ne peut produire ses effets qu'à la condition d'une fumure complémentaire qui en aggrave sensiblement les frais, mais dont l'estimation est fort complexe. Essayons pourtant d'en chercher une valeur approchée.

Pour fumer un hectare avec du fumier de ferme, on compte moyennement sur 50,000 kilogrammes de fumier, c'est-à-dire sur une dépense d'environ 1,000 francs (à raison d'un franc le quintal de 50 kilogrammes.) On ne renouvelle généralement cette fumure que tous les quatre ans : ce qui correspond à une charge annuelle de 250 francs.

Pour tenir compte des nécessités du traitement, quelques personnes pensent qu'il suffira de rapprocher ce renouvellement d'une année, en réduisant la période de la fumure à trois ans. Dans ce cas, la dépense annuelle s'élèverait à 333 francs, d'où résulterait de ce chef une plus-value de 83 francs.

Mais, d'après la pratique adoptée avec succès dans la Gironde, et savamment analysée dans le rapport de M. Fallières au congrès phylloxérique de Bordeaux, on ne pourrait pas laisser impunément la vigne privée deux ans de fumure ; il faudrait, tous les ans, lui donner environ 100 kilogrammes de potasse, 50 kilogrammes d'azote et 40 kilogrammes d'acide phosphorique, que le mieux serait de demander aux engrais chimiques dans l'intervalle des fumures totales.

Nos sols sont très riches en potasse, et n'ont pas besoin

qu'on leur en fournisse artificiellement. Quand ils s'appauvrissent de ce côté, un bon *terrage* leur rend cet élément à peu de frais. Il ne reste donc plus à s'occuper que de l'azote et de l'acide phosphorique, qu'on pourrait obtenir sous forme de superphosphate azoté de chaux, lequel, à la dose de 500 kilogrammes par hectare, coûterait environ 100 francs.

Dans cette nouvelle combinaison, si l'on part, comme régime antérieur, d'une fumure quadriennale pour la ramener à être triennale, et si les deux années intermédiaires sont remplies par une fumure à l'engrais chimique, la dépense serait, pour la période de trois ans :

Engrais de ferme . . . . Fr.	1.000	»
Engrais chimique	200	»
Total . . . . Fr.	1.200	»
Soit par an. . . . . Fr.	400	»
Elles étaient autrefois de 1,000 francs pour quatre ans, soit par an, de.	250	»
Soit une plus-value pour la fumure complémentaire	150	»
On a vu que le traitement proprement dit était de.	150	»
Ce qui donne une dépense totale de. . . . . Fr.	300	»

En regard de ce sacrifice, il faut placer la recette correspondante.

Pour une bonne année moyenne, on compte à Chiroubles sur 25 à 30 hectolitres à l'hectare (soit une pièce de 215 litres par *coupée* de 7ᵃ81). Au prix moyen antérieur de nos vins, c'est une recette de 1,000 à 1,200 francs. Il parait légitime et modéré d'admettre que ce prix s'élèvera d'au moins 10 0/0 par suite de la rareté même et de la cherté de la production, ce qui porterait la recette brute de 1,100 à 1,300 francs. Dans ce cas, la perte pour le vigneron se traduit par le 1/5 ou le 1/6 de sa récolte. Telle est la dime qu'il faut payer au phylloxéra pour sauver le reste.

On ne saurait nier que ce ne soit là une lourde aggravation des charges, et que le vigneron serait heureux d'y échapper le jour où il aurait pris confiance dans l'emploi des cépages résistants. Ces cépages paraissent avoir fait leurs preuves dans le midi par des résultats décisifs. Pour notre région, ils ont encore à les faire, du moins sur une grande échelle, malgré des succès partiels. Il nous reste à subir la phase longue et difficile des tâtonnements, qui devront nous éclairer sur la valeur des divers cépages en présence et sur celle des procédés de greffage, avant que nous renoncions à nos vieux plants nationaux, dont l'adaptation au sol et au climat a été l'œuvre laborieuse des siècles. Ces questions veulent être résolues par des essais méthodiques qui seront suivis avec la plus vive sollicitude, puisqu'ils préparent l'avenir. Mais, en attendant des résultats peut-être prochains, le vigneron s'en tient au sulfure dont il constate l'efficacité par des faits palpables. Aussi se résigne-t-il, presque avec joie, à supporter le tribut onéreux du traitement, pour conjurer les éventualités dont il se croyait menacé au début de l'invasion du fléau, c'est-à-dire l'arrachage de ses vignes et la nécessité de quitter un sol, qui ne pourrait plus, avec une autre culture, suffire à nourrir notre population.

III

Le calcul qui précède suppose que le vigneron fait seul face aux frais du traitement, et ne compte sur aucun secours extérieur. Au début, le concours de l'État était nécessaire pour l'acclimatation et la mise en train du procédé. Ce concours n'a pas manqué à notre syndicat, et nous en exprimons ici toute notre gratitude au Gouvernement, tant pour ses flatteuses récompenses (1) que pour ses subventions libérales, qui nous ont appris à nous grouper, à essayer largement les insecticides, et à nous faire des convictions sur leur

---

(1) Sur la proposition de la Commission supérieure, le Ministre de l'Agriculture a bien voulu attribuer cette année au président du syndicat de Chiroubles une *médaille d'or*.

efficacité. Graduellement éteintes d'année en année, ces subventions sont, nous le savons, destinées à disparaître, et ce sera désormais à nous-mêmes à agir avec nos ressources exclusives.

Est-ce à dire que, du moment où nous n'aurons plus le lien que ce concours de l'État nous imposait par une heureuse contrainte, les associés doivent rompre le faisceau syndical et rentrer dans leur isolement individuel ? Nous ne le pensons pas. Le groupement a fait ses preuves et doit survivre aux subventions. Quelques grands propriétaires pourraient, il est vrai, y renoncer sans inconvénient, et sauraient toujours se tirer d'affaire. Mais, pour la masse de nos associés, qui traitent moins d'un hectare, ce serait une grande complication que d'avoir seuls à s'acquitter de leurs commandes et de leurs transports. Le syndicat, au contraire, simplifie tous ces rapports et diminue les frais généraux, pourvu qu'il soit organisé avec méthode et fonctionne avec ordre. Aussi nous a-t-il semblé utile d'ajouter à ce rapport quelques détails sur le mécanisme de celui de Chiroubles. Nous espérons que ces données pourront épargner de fâcheux tâtonnements aux syndicats en voie de formation, et leur assurer d'emblée une marche absolument satisfaisante.

En même temps que de l'État, nous devrons apprendre à nous passer de la Compagnie de Lyon, qui, sous l'intelligente et louable initiative de son éminent directeur, M. Talabot, a pris en main, dès l'origine, les travaux de défense contre le phylloxéra, institué des expériences décisives, prêté des moniteurs pour guider les applications, enfin, s'est chargée jusqu'ici de nous fournir le sulfure de carbone. On la dit aujourd'hui convaincue que l'élan qu'elle a imprimé est assez général pour qu'elle puisse cesser son intervention et laisser désormais aux intérêts en jeu le soin d'assurer les services, qu'elle avait bénévolement acceptés au début. Cette attitude est naturelle et légitime, pourvu que la transition entre la tutelle et l'indépendance soit prudemment et lentement ménagée. Mais elle nous impose à notre tour l'obligation de veiller à nos propres affaires, et, par exemple, de susciter la création d'une ou plusieurs fabriques régionales de sulfures pour desservir les besoins de notre contrée. Placés en face de ce problème, que nous nous bornons à poser, sans l'examiner sous ses divers aspects, les syndicats et les autorités viticoles du Rhône auront sans doute à cœur de le résoudre en concertant leur action et leurs efforts.

IV

On vient de voir que, dans nos conditions particulières du sous-sol, le sulfure maintient nos vignes, et que les frais du traitement se traduisent en dernière analyse par le prélèvement de 15 à 20 0/0 sur la récolte.

Quant à l'efficacité des insecticides pour la défense des vignes attaquées, elle est écrite, sur le terrain lui-même et en traits irrécusables, par le contraste entre les vignes non traitées ou traitées tardivement et celles qui ont été en temps utile l'objet d'un traitement régulier : les premières sont mortes ou mourantes, pendant que les autres présentent une belle végétation, pourvu que leur vigueur n'ait pas été trop affaiblie par la maladie ou par l'âge.

En présence de cette efficacité du traitement, reconnue sur la plupart de nos vignes, et eu égard au montant de ses frais d'application qui, bien qu'élevés, ne le sont pas au point de nous l'interdire, nous croyons pouvoir formuler comme suit les conséquences pratiques qui s'imposent à notre population :

1° Il y a lieu de continuer l'emploi des insecticides, sauf à renoncer à la défense des vignes trop vieilles ou trop malades, et à circonscrire la lutte et les sacrifices sur les jeunes vignes, qui sont à la fois plus vigoureuses et plus productives.

2° Il ne faut pas hésiter à faire des plantations en grand dans le but de compenser les arrachages nécessaires et de maintenir intacte l'étendue de notre territoire viticole.

Pour ces plantations, on devra adopter, au moins provisoirement, les cépages du pays; mais, en même temps, procéder à des essais étendus de greffage sur des cépages résistants pour savoir à quoi s'en tenir sur leur valeur pratique, et sur leur adaptation à nos conditions locales.

3° La forme syndicale a rendu de tels services qu'il convient d'y persévérer malgré la cessation probable des subventions de l'État.

Telles sont les règles qui nous semblent se dégager actuellement des faits constatés jusqu'ici. Prêts d'avance à accepter de même ceux que l'avenir peut nous réserver, et en nous en tenant aux résultats acquis à l'heure actuelle, nous croyons que, sans impliquer de certitude, ces résultats autorisent du moins toutes les espérances, et commandent au syndicat de persévérer dans la voie où il s'est résolument engagé.

Chiroubles, le 12 septembre 1882.

Le Rapporteur du Syndicat,   *Le Président du Syndicat,*

E. CHEYSSON   GONON

Ingénieur en chef des ponts et chaussées,
Directeur au Ministère des travaux publics.

ANNEXES AU RAPPORT DU SYNDICAT

I.

FAITS PARTICULIERS RELEVÉS PAR L'ENQUÊTE.

1° Résultats positifs.

LE CHATAIGNIER-DURAND. — Nous avons relaté dans notre précédent rapport les faits relatifs aux deux vignes du *Châtaignier-Durand* atteintes en même temps par le phylloxéra, et appartenant: l'une au sieur Devignes, l'autre au sieur Trompier. La première avait été guérie par le sulfure ; la seconde, traitée par un remède empirique, était en train de mourir, sauf les trois rangées contiguës à la limite, qui avaient bénéficié de l'effet des insecticides employés dans la vigne voisine.

« En présence du triste état de sa vigne, qui semblait irrévo-
» cablement perdue, le sieur Trompier, disions-nous en septembre
» 1880, se disposait à l'arracher à l'automme, et il y avait planté
» des pommes de terre au printemps. Cependant il a cru devoir
» tenter *in extremis* un traitement au sulfure, et il en a obtenu
» des effets surprenants. La plupart des ceps ont des pousses
» vertes, et l'on ne désespère pas de les sauver. »

Ce qui n'était alors qu'une espérance problématique est devenu aujourd'hui une surprenante réalité. Cette vigne, dont on désespérait, est parfaitement rétablie; elle a recouvré sa vigueur primitive, et rivalise avec celle du propriétaire voisin. Elle a servi ainsi doublement de témoin, d'abord pour attester les dangers de l'invasion phylloxérique, qui n'est pas combattue rationnellement; puis l'efficacité des insecticides.

LES CÔTES. — Le sieur Saint-Jacôme possède au lieu dit *les Côtes* une jeune vigne d'environ 8 coupées (62 ares). Il en a traité 6 coupées (47 ares 1/2) en 1881.

Comme il arrivait à la fin de sa provision de sulfure, il a cru pouvoir s'abstenir de traiter la zone centrale, qui semblait encore assez vigoureuse, et il s'est contenté de rejoindre les deux bandes latérales par une étroite bande transversale, située en tête de la vigne.

Aujourd'hui, l'histoire de ces traitements est dessinée sur le sol par un grand fer à cheval. Les deux bandes latérales, et la bande transversale qui les réunit au sommet, sont luxuriantes de végétation, pendant que la partie centrale est jaunie et desséchée. En outre, les rangées extrêmes placées de part et d'autre de la zone centrale ont ressenti sur une certaine distance les bons effets du traitement fait sur les parties voisines. C'est l'effet déjà signalé à propos de la vigne du Châtaignier-Durand.

VERBOMET. — En traitant la vigne de *Verbomet* pendant l'hiver de 1880, le sieur Crotte, charron, a manqué de sulfure pour un dernier coin triangulaire. Cette partie non traitée a immédiatement périclité; mais, grâce à une application énergique, faite dès septembre 1881, on espère la sauver.

LE DERRIÈRE. — A la sortie du bourg, du côté de l'étang, trois vignes contiguës, toutes trois attaquées simultanément par le phylloxéra en 1879, présentent des particularités instructives.

Celle du bas, appartenant au sieur Claude Depardon, a été traitée dès l'attaque en 1879, et sans interruption depuis lors; elle est aujourd'hui en bon état.

La vigne centrale, dont le propriétaire est le sieur Gaulthier, n'a été traitée que tardivement en 1881 et en 1882. Le milieu n'a pu être sauvé et a dû être arraché. Les côtés, moins malades, sont en voie de rétablissement.

Quant à la vigne du haut, son propriétaire, le sieur Baizet, l'a traitée en 1880; puis, la croyant guérie et confiant outre mesure dans la persistance de l'action du sulfure, il a suspendu le traitement en 1881 et ne l'a repris qu'en 1882. Cette pratique ne lui a pas réussi; aujourd'hui une partie de sa vigne est très malade, et l'autre jaune et languissante.

Il serait facile de multiplier beaucoup ces exemples; le procès-verbal de l'enquête est rempli de faits analogues, que nous croyons inutile de reproduire pour ne pas trop alourdir ce rapport. Nous abandonnons, par conséquent, cette série très touffue de faits favorables, pour analyser deux insuccès, dont il a été grandement question au dehors, et dont, à ce titre, nous ne pouvions nous dispenser de dire quelques mots.

2° Résultats négatifs.

Les Côtes. — L'un des signataires de ce rapport, M. Gonon, possède une vigne au lieu dit les Côtes, en face du hameau de Corcellette. Trois taches y ont apparu en 1878, 1879 et en 1880.

La première tache de 1878, traitée en 1879 et depuis lors, est guérie. Il en est de même pour celle de 1879, qui a été traitée dès son apparition.

Quant à la troisième tache, qui s'est montrée en 1880 dans une vieille vigne âgée de plus de 40 ans, et fort éprouvée par la gelée de 1880, elle a été traitée en 1881 et en 1882; mais elle est encore languissante, et ne guérira peut-être pas. — Lorsque les vignes sont trop vieilles et trop malades, le sulfure est impuissant à les sauver.

Des réinvasions estivales se sont manifestées avec une grande intensité dans cette vigne; mais on espère que le dernier traitement en conjurera les effets (1).

Croix-Rampot. — Le second fait a trait à la vigne de la Croix-Rampot, appartenant à Mme Poirier, et cultivée pas son vigneron, le sieur Lacondemine.

C'est là que le phylloxera s'est manifesté pour la première fois dans notre commune, et que l'on a commencé à le combattre par le sulfure.

Le croquis placée en tête de la page suivante montre la situation des diverses parties de cette vigne, qui diffèrent suivant leur âge et le traitement appliqué.

Sauf les portions **E** et **F**, qui sont en plantier de 7 ans, le reste de la vigne a une vingtaine d'années et a été beaucoup éprouvé par le terrible hiver de 1880.

Les taches du phylloxéra s'y sont manifestées avec une grande intensité dès 1878, surtout dans la zone du nord.

Les parties **A** et **B** ont été traitées dès 1879; mais, l'année suivante, la partie **B** ne l'a pas été. Bien qu'on ait continué à

---

(1) Une autre vigne du même propriétaire, située au lieu dit du Moulin, est en assez mauvais état; mais elle est dans le cas des vieilles vignes éprouvées par la gelée et le phylloxéra. Elle n'a d'ailleurs été traitée, pour une partie, que depuis deux ans; pour l'autre partie, que l'année dernière.

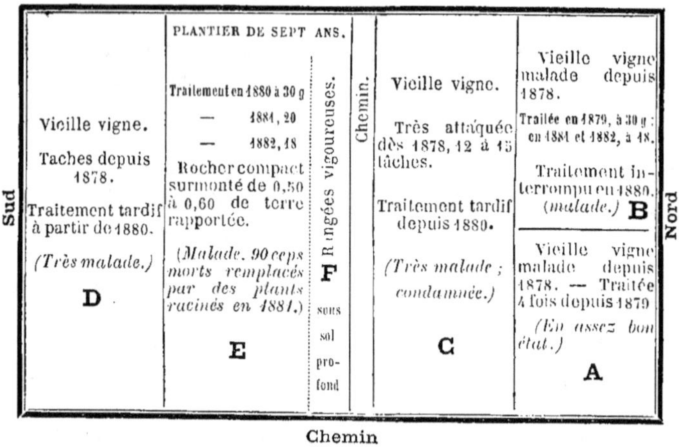

<table>
<tr>
<td rowspan="2">Sud</td>
<td>Vieille vigne.

Taches depuis 1878.

Traitement tardif à partir de 1880.

(Très malade.)

D</td>
<td>PLANTIER DE SEPT ANS.

Traitement en 1880 à 30 g
—   1881, 20
—   1882, 18

Rocher compact surmonté de 0,50 à 0,60 de terre rapportée.

(Malade. 90 ceps morts remplacés par des plants racinés en 1881.)

E</td>
<td>Rangées vigoureuses.

F

sous sol pro- fond</td>
<td>Chemin.</td>
<td>Vieille vigne.

Très attaquée dès 1878, 12 à 15 tâches.

Traitement tardif depuis 1880.

(Très malade ; condamnée.)

C</td>
<td>Vieille vigne malade depuis 1878.

Traitée en 1879, à 30 g ; en 1881 et 1882, à 18.

Traitement interrompu en 1880. *(malade.)* **B**</td>
<td rowspan="2">Nord</td>
</tr>
<tr>
<td>Vieille vigne malade depuis 1878. — Traitée 4 fois depuis 1879

(En assez bon état.)

A</td>
</tr>
</table>

Chemin

la traiter en 1881 et 1882, cette interruption a suffi pour la compromettre, de sorte que la partie **A**, traitée quatre ans de suite, est en assez bon état, tandis que la partie **B** non traitée en 1880 est malade.

Quant aux parties **C** et **D**, attaquées également dès 1878, elles n'ont commencé à être traitées qu'en 1880, c'est-à-dire après qu'elles subissaient depuis près de deux ans les assauts du phylloxéra, et qu'elles venaient de subir celui des gelées de 1880. Le traitement a donc été tardif et impuissant à les sauver.

En ce qui concerne le plantier, il a été pris à temps et se serait remis s'il eût été dans des conditions normales. Mais, en réalité, il paraît en train de mourir.

Là, on est, il faut le dire, en face d'un échec inexpliqué, et l'on est réduit aux conjectures. Une de celles qui nous semblent plausibles entre plusieurs autres, c'est celle qui s'appuie sur la situation particulière de cette vigne, dont le sous-sol a été constitué en rapportant 0^m,50 à 0^m,60 de sol-meuble sur un rocher compact formant comme un véritable pavé impénétrable aux racines et aux vapeurs de sulfure (1).

---

(1) Dans son rapport au Congrès phylloxérique de Bordeaux. M. Fallières a beaucoup insisté sur les insuccès du traitement dans les vignes à sous-sol peu profond.

Ce qui confirmerait cette explication, c'est que le long du chemin, en **F**, il existe deux ou trois rangées de ceps fort vigoureux, précisément dans la portion où le rocher s'enfonce et laisse une plus grande profondeur au sous-sol.

M. Lacondemine nous a promis de continuer à traiter ce plantier, à petites doses, de façon à continuer cette expérience, qui sera suivie avec la plus vive attention.

En résumé, et sans prolonger ces citations que leur uniformité rendrait monotones, on croit en avoir assez dit pour justifier les conclusions formulées dans le rapport du syndicat.

II. — MÉCANISME ET FONCTIONNEMENT DU SYNDICAT

Notre précédent rapport ayant analysé la convention syndicale de Chiroubles, cette note n'a pas à y revenir ; elle n'a d'autre objet que de montrer le syndicat à l'œuvre et de passer en revue les diverses phases de son fonctionnement.

Pour guider ses commandes de sulfure à la Compagnie de Lyon, le trésorier tient un premier registre sur lequel il inscrit les demandes des associés (Reg. n° 1). En même temps il leur fait consigner une somme de 50 francs par baril de 100 kilogrammes (40 francs pour le sulfure, 10 francs pour le fût) ; il inscrit ce versement à leur compte-espèces individuel (Reg. n° 2) et leur en délivre un récépissé (Reg. n° 3).

Les arrivages de fûts sont annoncés par le chef de gare de Romanèche au bureau du syndicat, qui les répartit entre les ayants droit d'après l'antériorité des demandes. Un camionneur va chercher les fûts et les distribue en se conformant à cet état de répartition.

Outre son premier compte-espèces (Reg. n° 2), chaque associé a un second compte-matières, qui permet de suivre la distribution des barils pleins, et la restitution des fûts vides (Reg. n° 4).

Une fois cette restitution effectuée, la Compagnie de Lyon rembourse de son côté les sommes qu'elle avait fait consigner comme garantie de ses fûts.

Quand les fournitures sont terminées et soldées, le syndicat présente les factures acquittées à la Préfecture du Rhône, qui ordonnance le montant de la subvention allouée au syndicat. L'année dernière, cette subvention s'élevait à 70 francs par hectare. La consommation par hectare ayant été en moyenne de 2 barils de sulfure, les associés avaient à toucher sur leur avance de 40 francs par baril une somme de 35 francs, plus la consignation de 10 francs pour les fûts, soit ensemble 45 francs. Cette opération du remboursement donne lieu à la tenue d'un registre spécial (n° 5).

Enfin, la comptabilité synoptique du syndicat se récapitule dans un journal (Reg. n° 6) qui permet d'établir à chaque instant et de vérifier l'état de la caisse syndicale.

Nous joignons ci-après les en-têtes des 6 registres dont nous venons d'indiquer successivement l'objet.

FORMULES

DES REGISTRES DU SYNDICAT

REGISTRE N° 1. — Demandes de sulfure.

DATE DE LA DEMANDE			DÉSIGNATION DE L'ASSOCIÉ		NOMBRE de BARILS demandés	DATE DE LA LIVRAISON		OBSERVATIONS
ANNÉE	MOIS	QUANTIÈME	NUMÉRO DU rôle	NOM ET PRÉNOMS		DEMANDÉE	RÉELLE	
1881	Septembre	11	22	BURTIER, Jean-Marie.	1	1ᵉʳ octobre	3 octobre	
»	»	»	29	COLLOMB, Claude.	4	»	2 — le 3 oct. / 2 — le 10 oct.	

REGISTRE N° 2. — Comptes-espèces des versements des associés.

NUMÉRO DU rôle	NOM ET PRÉNOMS	SURFACE traitée en HECTARES	NOMBRE DE BARILS (à raison de 2 par HECTARE)	SOMME A CONSIGNER à raison de 50 fr. (1) par baril ou de 100 fr. PAR HECTARE)	DATE DES VERSEMENTS			SOMMES		OBSERVATIONS
					ANNÉE	MOIS	QUANTIÈME	PARTIELLES	TOTALES par associé	
		H.		fr.				fr.	fr.	
22	BURTIER, Jean-Marie.	1 50	3	150 »	1881	Septembre	11	50 »	150 »	(1) Cette somme de 50 francs est ainsi décomposée :
					»	»	15	50 »		Sulfure . . . . 40 fr.
					1882	Janvier	1	50 »		Baril métallique (dépôt de garantie) . . . . 10 »
29	COLLOMB, Claude.	4	8	400 »	1881	Septembre	11	200 »	400 »	TOTAL PAREIL . . . 50 fr.
					»	Décembre	4	200 »		

REGISTRE Nº 3. — Journal à souche des versements et quittances.

DATE DU VERSEMENT			DÉSIGNATION DE L'ASSOCIÉ		MONTANT DES VERSEMENTS		QUITTANCES A DÉTACHER DE LA SOUCHE
ANNÉE	MOIS	QUANTIÈME	NUMÉRO DU rôle	NOM ET PRÉNOMS	partiel	cumulé	
				A reporter			

1881	Septembre	11	22	BURTIER, Jean-Marie	50 »	7.330 30
						7.375 30
							Reçu de M. BURTIER, Jean-Marie,
							   la somme de *cinquante francs* (50 fr.)
							pour un baril de sulfure demandé ce même jour.
							Chiroubles, le 11 septembre 1881.
							    Le Trésorier du Syndicat.
							    Signé : X.

1881	Septembre	11	29	COLLOMB, Claude	200 »	7.575 30	Reçu de M. COLLOMB, Claude.
							   la somme de *deux cents francs* (200 fr.)
							pour 4 barils de sulfure demandés ce jour.
							Chiroubles, le 11 septembre 1881.
							    Le Trésorier du Syndicat,
							    Signé : X.

REGISTRE N° 4. —   Comptes-matière des Associés.

NUMÉRO du RÔLE	NOM et PRÉNOMS	NOMBRE de BARILS attribué par la CONVENTION	DISTRIBUTION DES BARILS PLEINS							RESTITUTION DES BARILS VIDES							OBSERVATIONS
			DATE de la DISTRIBUTION			BARILS		BOÎTES d'accessoi.		DATE de la RESTITUTION			BARILS		BOÎTES (1) d'accessoir.		
			ANNÉE	MOIS	QUAN-TIÈME	NOMBRE	N° D'ORDRE	NOMBRE	N° D'ORDRE	ANNÉE	MOIS	QUAN-TIÈME	NOMBRE	N° D'ORDRE	NOMBRE	N° D'ORDRE	
22	BURTIER, J.-Mar.	3	1881	8bre	3	1	3.925	1	1.225	1881	novembre.	19	1	3.925	1	1.225	(1) Les boîtes d'accessoires comprennent les robinets, clefs, etc.
				«	21	1	789	1	1.225	»	octobre.	29	1	789	1	1.255	
			1882	Janvier	20	1	802	1	1.285	1882	janvier.	12	1	802	1	1.285	
29	COLLOMB. Claude	8	1881	8bre	3	2	3.920 / 3.931	1	1.163	1881	novembre.	19	2	3.920 / 3.931	1	1.163	
			»	»	10	2	3.749 / 3.753	»	»	»	»	»	2	3.749 / 3.753	»	»	
			»	Xbre	12	2	1.424 / 3.550	1	207	»	décembre.	23	2	1.424 / 3.550	1	207	
			1882	Janvier	2	2	985 / 3.441	»	»	1882	janvier.	15	2	985 / 3.441	»	»	

REGISTRE N° 5. — Compte des Remboursements.

DÉSIGNATION DE L'ASSOCIÉ		NOMBRE de BARILS attribué par la CONVENTION	DÉBOURSÉS			DETTE			SOULTE du remboursement	ÉMARGEMENT pour VALOIR DÉCHARGE	OBSERVATIONS
N° D'ORDRE	NOM ET PRÉNOMS		VERSEMENT à 50 fr. (1) par baril	TRANSPORTS effectués 4.50 par baril (2.)	TOTAL	Sulfure à 5 f. de soulte par baril (3)	Transports à 4 fr. 50 par baril (2)	TOTAL			
						fr.	fr.	fr.	fr.		
22	BURTIER, Jean-Marie . .	3	150 »	»	150 »	15 »	4 50	19 50	130 50	*Signé :* BURTIER (Jean-Marie)	(1) Voir la note du registre n° 2.
29	COLLOMB, Claude. . .	8	400 »	12 »	412 »	40 »	12 »	52 »	380 »	*Signé :* COLLOMB (Claude)	(2) Ce prix de 1 fr. 50 c. par baril comprend le transport pour aller et retour, divers menus frais, etc. Si l'associé effectue lui-même le transport, il en est crédité d'un côté, débité de l'autre, ce qui s'annule.
											(3) Voir pour l'explication de cette soulte de 5 fr. par baril la note préliminaire placée en tête des tableaux.

REGISTRE N° 6. — Livre de Caisse.

DATES DES ENCAISSEMENTS			DÉSIGNATION DE LA PARTIE PRENANTE		SOMMES	
ANNÉE	MOIS	QUANTIÈME	NOM	MOTIF de l'encaissem.	PARTIELLES	CUMULÉES
				A Reporter		7325 30
1881	Septembre	11	BURTIER, J.-M.		50 »	7375 30
»	»	»	COLLOMB, Cl..	»	200 »	7575 30

DATES DES PAIEMENTS			DÉSIGNATION DE LA PARTIE PRENANTE		SOMMES	
ANNÉE	MOIS	QUANTIÈME	NOM	MOTIF DU PAIEMENT	PARTIELLES	CUMULÉES
				A Reporter		2.538 95
1881	Septembre	15	Compⁱᵉ P.-L.-M.	Sulfure	800 fr.	3.338 95

PARIS. — IMPRIMERIE CHAIX, 20, RUE BERGÈRE. — 21490-2